Martina Berg
Tierische Gesetze

Über die Autorin

Martina Berg, Jahrgang 1959, ist gelernte Bankkauffrau, die nach 25 Jahren in der Kreditwirtschaft Ihre Hobbys zum Beruf gemacht hat. Sie betreibt jetzt ein kleines Versandantiquariat und ist Autorin und Tierfotografin.

Internet-Seiten:

www.mountain-verlag.de
Bücher von Martina Berg

www.martinaberg.com
Antiquariat Die Bücher-Berg

www.kuriosetierwelt.de
Blog über Tiere, Pflanzen und Natur

www.pferdografen.de
Pfiffige Pferde- und Pfoten-(P)fotos

www.photolokal.de
Bildagentur für Fotos aus Deutschlands nördlicher Mitte

Martina Berg

Tierische Gesetze

Kuriose Vorschriften aus aller Welt rund um Hunde, Katzen, Pferde, Mäuse und Co.

Bibliografische Information der
Deutschen Nationalbibliothek:
Die Deutsche Bibliothek verzeichnet diese
Publikation in der Deutschen Nationalbibliografie;
detaillierte bibliografische Daten sind im Internet
unter http://dnb.d-nb.de abrufbar.

© 2011 Martina Berg

Fotos: Martina Berg

Herstellung und Verlag:
Books on Demand GmbH, Norderstedt
Printed in Germany
ISBN-13: 978-3-8423-7289-4

Affen

§ Affen dürfen in Georgia (USA) nicht in Waschbecken gehalten werden.

§ Der US-Bundesstaat Massachusetts verbietet die Beförderung von Gorillas auf dem Rücksitz eines Autos.

§ Im Jahre 1924 wurde in South Bend, Illinois, ein Affe zu einer Geldstrafe von 25 Dollar und zur Zahlung der Gerichtskosten verurteilt, weil er eine Zigarette geraucht hatte.

Bären

§ In Alaska ist es zwar erlaubt, einen Bären zu erschießen, aber einen Bären aus dem Schlaf zu wecken in der Absicht, ein Foto von ihm zu machen, ist streng verboten.
Manchmal – nein, eher meist – verstehe ich die Logik dieser Gesetze einfach nicht – auch wenn ich mich noch so anstrenge!

§ Bären dürfen in Israel nicht an den Strand mitgenommen werden.

Bienen

§ Nicht nur in den Vereinigten Staaten von Amerika gibt es tierische Gesetze – unser altehrwürdiges Bürgerliches Gesetzbuch (BGB) gibt auch so einiges her (der Text ist ein echter Amtsdeutsch-Klassiker):

BGB § 963 Vereinigung von Bienenschwärmen
Vereinigen sich ausgezogene Bienenschwärme mehrerer Eigentümer, so werden die Eigentümer, welche ihre Schwärme verfolgt haben, Miteigentümer des eingefangenen Gesamtschwarms; die Anteile bestimmen sich nach der Zahl der verfolgten Schwärme.

BGB § 964 Vermischung von Bienenschwärmen
Ist ein Bienenschwarm in eine fremde besetzte Bienenwohnung eingezogen, so erstrecken sich das Eigentum und die sonstigen Rechte an den Bienen, mit denen die Wohnung besetzt war, auf den eingezogenen Schwarm. Das Eigentum und die sonstigen Rechte an dem eingezogenen Schwarm erlöschen.

§ Ein Gesetz verbietet Bienen, über das Dorf oder durch die Straßen von Kirkland, Illinois zu fliegen.

§ In Rußland ist es seit 1993 nicht mehr erlaubt, Bienen und Wespen zu töten - außer in Notwehr.

Elche

§ In Alaska ist es ein Verbrechen, einen lebenden Elch aus einem Flugzeug zu schubsen oder betrunken zu machen.

§ Außerdem ist es in Alaska auch illegal, von einem Flugzeug aus auf einen Elch herabzuschauen.

§ Elchen ist es in Fairbanks (Alaska) gesetzlich untersagt, auf den Bürgersteigen der Stadt den Geschlechtsakt zu vollziehen.

Elefanten

§ In North Carolina ist es strengstens verboten, Elefanten zum Umpflügen von Baumwollfeldern einzusetzen.

§ Elefanten ist es in San Francisco verboten, entlang der Market Street zu spazieren, außer wenn sie an einer Leine geführt werden.

§ Wird in Florida ein Elefant an einer Parkuhr festgebunden, dann ist die normale Parkgebühr für PKW zu entrichten.
In Kalifornien scheint es ja mächtig viele Elefanten zu geben...

Fabeltiere

§ In Großbritannien existiert seit 1934 ein Gesetz, das das Ungeheuer von Loch Ness – lediglich für den Fall, dass Nessi tatsächlich existiert - unter Naturschutz stellt.

§ Die Stadt Urbana in Illinois hat ein Gesetz erlassen, das Monstern den Zutritt zum Stadtgebiet verbietet.
Das finde ich richtig gut!

Esel

§ New York City verbietet es Eseln, in einer Badewanne zu schlafen.
Kriegt man einen Esel überhaupt in eine Wanne?

Fische und Fischfang

§ Das Fischen mit Pfeil und Bogen ist in Kentucky strafbar.

§ Und in Utah ist es verboten, von einem Pferd aus zu fischen.

§ Am Zürichsee in der Schweiz ist es verboten, einen gefangenen Barsch, der über dem Mindestmaß liegt, wieder ins Wasser zurück zu lassen. Diese Vorschrift gibt es übrigens auch in Deutschland.

§ Der Fischfang mit bloßen Händen ist in Kansas (USA) verboten.

§ In Tennessee darf man für den Fischfang zwar die Hände benutzten, aber kein Lasso.

§ In Maldon, Essex und in der englischen Grafschaft Northumbria ist es verboten, einen Wurm als Angelköder auszugraben.

§ Die Stadt Seattle hat eine Verordnung erlassen, die besagt, dass Goldfische in Gläsern nur dann in Bussen transportiert werden dürfen, wenn sie sich nicht bewegen.

§ In Chicago ist es illegal, nur mit einem Pyjama bekleidet zum Angeln zu gehen.

§ Und in Oregon darf kein Angler Mais aus Dosen als Angelköder verwenden.

Flußpferde

§ Flußpferde dürfen in Wyoming grundsätzlich nicht fotografiert werden – es sei denn, der Fotograf hat eine ausdrückliche Erlaubnis des Tieres.
Sprechen Sie Hippopotamesisch?

Giraffen

§ In Atlanta (Georgia) verstößt es gegen das Gesetz, wenn eine Giraffe an einer Telefonzelle oder an einem Laternenpfahl festgebunden wird.

§ Der US-Bundesstaat Vermont verbietet das Festbinden von Giraffen an Telefonmasten.
Und ich dachte bisher immer, Giraffen leben in Afrika...

Hasen

§ Im Juni ist es in Wyoming (USA) verboten, einen Hasen zu fotografieren. *Warum nur im Juni? Und warum überhaupt Fotografierverbot?*

§ Das Gesetz meint es gut mit den Hasen in Kansas: Von einem Motorboot aus dürfen sie nicht geschossen werden.

Hühner

§ Mit einem Huhn auf dem Kopf darf man nach Minnesota weder einreisen noch aus dem US-Bundesstaat ausreisen.

§ Im Jahre 1930 verabschiedete der City Council of Ontario in Kalifornien eine Verordnung, die es Hähnen untersagt, innerhalb der Stadtgrenzen zu krähen.

Hunde

§ Auf einem Privatgrundstück in Nevada dürfen Sie jemanden aufhängen, wenn er Ihren Hund erschossen hat.

§ Im kalifornischen Belvedere klingt eine Anordnung der Stadtverwaltung etwas seltsam: "No dog shall be in a public place without its master on a leash."
Auf Deutsch klingt das in etwa so: Kein Hund darf in die Öffentlichkeit, ohne sein Herrchen an der Leine zu führen.

§ In Illinois ist es Männern verboten, ihren Pudel mit in Opernhäuser zu bringen.

§ Ein wunderschönes Beispiel aus der bundesdeutschen Verwaltungspraxis: „Nach dem Abkoten eines Hundes bleibt der Kothaufen (anders wohl beim Hundeurin) grundsätzlich eine selbständige bewegliche Sache, er wird nicht durch Verbindung oder Vermischung untrennbarer Bestandteil des Wiesengrundstücks, der Eigentümer des Wiesengrundstücks erwirbt also nicht automatisch Eigentum am Hundekot."

§ In Hartford (Conneticut) ist es gegen das Gesetz, seinen Hund zu erziehen.

§ Weibliche Hunde dürfen in Norwegen nicht sterilisiert werden. Männliche Hunde dürfen allerdings kastriert werden.

§ Im Monat April müssen in Massachusetts allen Hunden die Hinterbeine zusammengebunden werden.
Häääähhhh????

§ Vorsichtig sollten Hunde in Paulding (Ohio) sein: hier darf ein Polizist einen Hund beißen, um ihn ruhig zu stellen.

§ Im US-Bundesstaat Illinois, genauer gesagt in der Stadt Normal (!!!), darf niemand ungestraft einem Hund Grimassen schneiden.

§ Hunde stehen in der chinesischen Metropole Shanghai unter Hausarrest. Einer polizeilichen Verordnung zufolge dürfen Hundebesitzer mit ihren Lieblingen in der Innenstadt nicht mehr auf öffentlichen Plätzen, Parks und auf den Straßen Gassi gehen. Das Ausgehverbot bezieht sich auch auf sämtliche Grünflächen und Wege in geschlossenen Wohnvierteln.

Hunde dürfen nur noch ausgeführt werden, wenn sie zur Anmeldung bei den zuständigen Behörden vorgestellt oder vom Tierarzt untersucht werden müssen.

Frauchen und Herrchen sind angewiesen, ihre amtliche Zulassung zum Hundebesitz sichtbar an der Haustür anzubringen.

§ In Denver (Colorado) darf ein Hundefänger nur dann seinem Handwerk nachgehen, wenn er die Hunde durch Plakatanschläge in öffentlichen Parks ausdrücklich auf die drohende Gefahr hingewiesen hat.

§ Hunde müssen in Oklahoma eine vom Bürgermeister unterschriebene Genehmigung vorweisen können, wenn sie sich auf einem privaten Grundstück zu einem Rudel von mehr als drei Hunden versammeln.
In welcher Hosentasche die Hunde das Dokument mit sich tragen müssen, steht übrigens nicht im Gesetz.

§ Rote Rückstrahler für Hunde? Ja, im texanischen Dallas ist das in der Nacht vorgeschrieben!

Käfer

§ Die Einwohner des Dorfes Finsterhennen im Schweizer Kanton Bern müssen Maikäfer jagen und töten. Die toten Käfer dürfen auf keinen Fall in Jauchegruben oder in Gewässer gekippt werden.

In Anbetracht der Tatsache, daß Maikäfer immer seltener werden, wurde dieses Gemeindegesetz im Jahre 2001 für ungültig erklärt.

Kamele

§ Kamele dürfen in Arizona nicht gejagt werden.
Es gibt Gerüchte, dass die US-Armee versuchte, Kamele für Militärzwecke einzusetzen. Der Versuch schlug fehl, die Kamele wurden einfach freigelassen und unter Schutz gestellt. Welch ein Glück für die Tiere!

§ Der US-Bundesstaat Nevada hat ein Gesetz erlassen, das Kamelritte auf den Highways unter Strafe stellt.

§ Und der US-Bundesstaat Idaho verbietet es, von einem Kamel aus zu angeln.

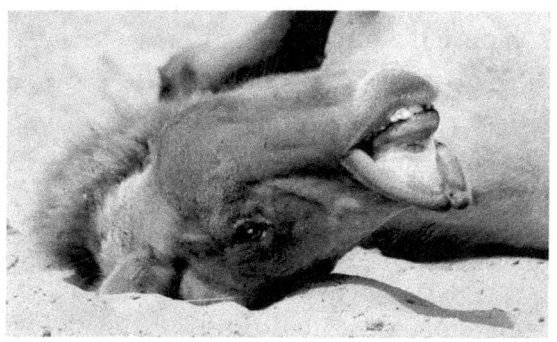

§ Zwischen 16 und 18 Uhr dürfen keine Kamele über den Palm Canyon Drive von Palm Springs im US-Bundesstaat Kalifornien geführt werden.

§ Wer auf Staatsstraßen Kamele treibt, muß in Nevada ein Bußgeld bezahlen.

Kängurus

§ Es ist in Myrtle Creek in Oregon illegal, mit einem Känguru zu boxen.

Katzen

§ Weibliche Katzen dürfen in Norwegen nicht sterilisiert werden. Männliche Katzen dürfen allerdings kastriert werden.

§ In Cresskill, New Jersey, müssen alle Katzen drei Glocken tragen, um den Vögeln ihr Kommen anzukündigen.

§ In Sterling (Colorado) muß jede freilaufende Katze Rückstrahler tragen.

§ In Ventura County (das liegt im US-Bundesstaat Kalifornien) ist es Katzen und Hunden per Gesetz verboten, ohne vorherige Erlaubnis miteinander Sex zu haben.
Von wem und wo der Antrag zu stellen ist, entzieht sich leider meiner Kenntnis.

Krokodile

§ Im US-Bundesstaat Arkansas ist es verboten, Krokodile in Badewannen zu halten.

§ Und in Detroit in Michigan macht man sich strafbar, wenn man ein Krokodil an einem Hydranten festbindet.
Das würde ja auch die Feuerwehr bei der Arbeit behindern.

§ In Florida dürfen Jäger zwar auf Krokodile schießen, sie aber auf gar keinen Fall mit einem Angelgerät jagen.

Kröten

§ In Los Angeles (Kalifornien) ist es verboten, an Kröten zu lecken.
Dieses Gesetz wurde erlassen, weil eine in Kalifornien heimische Krötenart, die Coloradokröte (Bufo alvarius) ein Sekret absondert, das eine ähnlich berauschende Wirkung wie Heroin hat.

Kühe und Rinder

§ In Texas ist es illegal, Graffiti auf fremde Kühe zu sprühen. Fremde Kühe dürfen dort auch nicht gemolken werden.

§ Vom zweiten Stock eines texanischen Hotels aus dürfen keine Büffel erschossen werden.

§ Kalifornien verbietet das Tragen von Cowboystiefeln, wenn man nicht mindestens zwei Kühe besitzt.

§ Mexikanische, indianische und texanische Rinder dürfen in Massachusetts nicht über öffentliche Straßen getrieben werden.

§ In New Hampshire müssen Kühe und Rinder, die eine Straße überqueren, eine Vorrichtung haben, die ihren Kot aufsammelt.

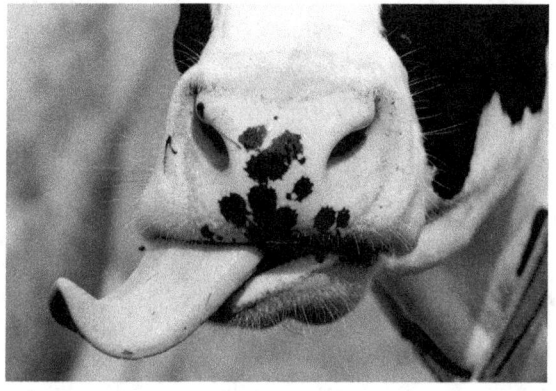

§ Betrunkene Eigentümer einer Kuh können in Schottland verhaftet werden.

§ Sonntags nach 13 Uhr dürfen in Little Rock (das liegt in Arkansas) keine Kühe mehr über die Main Street geführt werden.

Löwen

§ Löwen haben in Kinos nichts zu suchen – und so gibt es in Maryland ein Gesetz, das es Kinobesuchern verbietet, einen Löwen mit in die Vorstellung zu nehmen.
Ob es wohl schon einmal Opfer zu beklagen gab, bevor diese Vorschrift in Kraft trat?

Mäuse

§ Eine Mausefalle darf in Kalifornien nur von Personen mit gültiger Jagderlaubnis aufgestellt werden.

§ Mäuse haben es in Fairbanks, Alaska schwer: Es ist ihnen gesetzlich untersagt, auf den Bürgersteigen der Stadt der geschlechtlichen Liebe nachzugehen.

Möwen

§ In Norfolk (Virginia) steht das Bespucken von Seemöwen unter Strafe.

Motten

§ Ein Gesetz in Los Angeles verbietet die Jagd auf Motten unter einer Straßenlaterne.

Mulis

§ In der Stadt Lang im US-Bundesstaat Kansas ist es illegal, im August auf einem Muli auf der Hauptstraße zu reiten, es sei denn, das Muli trägt einen Strohhut.

§ Und in Massachusetts darf in einer Stadt ein Maultier nicht im zweiten Stockwerk eines Hauses „aufbewahrt" werden, außer wenn das Haus mindestens zwei Ausgänge hat.

Nashörner

§ Wer in Norco in Kalifornien ein Nashorn als Haustier halten möchte, muß für 100 Dollar eine Lizenz dazu erwerben.

Pferde

§ Im kanadischen Jasper Gates ist es Autofahrern bei Strafe verboten, schneller als ein Pferd oder eine Kutsche zu fahren.

§ Das Gasthaus „Fontain Inn" liegt in South Dakota und dort haben Pferde nur Zutritt, wenn sie Schuhe tragen.

§ Es ist in Prescott (Arkansas) nicht gestattet, mit dem Pferd die Stufen des Gerichtsgebäudes hinauf zu reiten.

§ In Wilbur (im US-Bundesstaat Washington) ist es verboten, auf einem häßlichen Pferd zu reiten.

§ Wenn Ihnen in Pennsylvania (USA) als Autofahrer eine Herde Pferde entgegen kommt, dann müssen Sie die Straße verlassen, Ihr Fahrzeug mit einer Decke oder Plane bedecken, die farblich zum Gelände paßt und die Pferde passieren lassen. Wenn die Pferde nervös werden, müssen Sie Ihr Fahrzeug Stück für Stück zerlegen und sich hinter dem nächsten Busch verstecken.

§ In Marshalltown, Iowa, ist es Pferden per Gesetz verboten, Hydranten aufzuessen.

§ In Milwaukee im US-Bundesstaat Wisconsin darf auf keiner Straße länger als zwei Stunden geparkt werden, ohne ein Pferd an die Stoßstange zu binden.

§ Es ist in Utah illegal, vom Rücken eines Pferdes aus zu angeln.

§ Wer erkältet ist oder gar die Grippe hat, darf kein Pferd reiten. Zumindest nicht in Colorado.

Ratten

§ Ratten ist es in Florida (USA) verboten, Schiffe zu verlassen.

§ In Denver (Colorado) ist die Mißhandlung von Ratten verboten.

Reptilien

§ Und wieder einmal ein tierisches Gesetz aus den Vereinigten Staaten von Amerika – diesmal aus Kentucky: Jede Person, die eine Reptilienart während einer religiösen Versammlung oder religiösen Dienstleistung zur Schau stellt, damit umgeht oder sie benutzt, wird mit einer Geldbuße in Höhe von mindestens 40 und maximal 100 US-Dollar bestraft.

Schafe

§ Es dürfen in Kalifornien nicht mehr als 2000 Schafe gleichzeitig den Hollywood Boulevard heruntergetrieben werden.

§ In Montana sieht man es nicht gerne, wenn sich ein Schaf alleine im Führerhaus eines Lastkraftwagens aufhält.

Schildkröten

§ Auf dem Flughafengelände von Bourbon, Mississippi, dürfen keine Schildkrötenrennen abgehalten werden.

Schlangen

§ In Toledo (US-Bundesstaat Ohio) ist es gesetzlich verboten, mit Schlangen nach Personen zu werfen.
Gut für Schlangen und für Menschen, wie ich finde.

Schweine

§ Das Züchten von Schweinen ist in Israel unter Strafe gestellt. Wer erwischt wird, muß die Tiere laut Gesetz töten.

§ Auf dem Gelände des Flughafens von Kingsville in Texas ist Schweinen der Geschlechtsverkehr strikt untersagt.

§ In Frankreich gibt es ein noch heute gültiges Gesetz, das mit an Sicherheit grenzender Wahrscheinlichkeit aus Zeiten Napoleons stammt: Es ist verboten, einem Schwein den Namen "Napoleon" zu geben.
Okay, aber für Esel ist der Name ja auch ganz nett, oder?

Stachelschweine

§ Die Gesetzgeber in Florida verbieten ausdrücklich den geschlechtlichen Verkehr mit einem Stachelschwein.
Das ist bestimmt auch nicht wirklich angenehm.

Stinktiere

§ Nach einem Gesetz ist es in Minnesota verboten, Stinktiere zu reizen.
Das sollte man auch ohne gesetzliche Vorschrift besser nicht tun.

§ Eine Gefängnisstrafe droht in Michigan jedem Mitarbeiter, der in der Schreibtischschublade seines Chefs ein Stinktier versteckt.
Das scheint ja in diesem US-Bundesstaat häufiger vorgekommen zu sein, wenn es dagegen schon juristische Vorschriften gibt. Und so erhält auch der Ausdruck „den kann ich nicht riechen" eine völlig neue Bedeutung.

§ Aber auch zur Verbrechensbekämpfung wird das übelriechende Sekret der Skunke genutzt: Die Polizei von Los Angeles verteilt ein Gel namens „Skunk Shot" in leer stehenden Gebäuden, die von Kriminellen für illegale Geschäfte genutzt werden. Der unerträgliche Gestank vertreibt die Eindringlinge sofort und hält tagelang an.

Tiger

§ In Ohio (USA) müssen Besitzer von Tigern die Behörden innerhalb einer Stunde informieren, wenn ihr Haustier ausgebrochen ist.
Ist das nicht ein bißchen spät???

Vermischte Tierwelt

§ Es ist in Großbritannien verboten, betrunken zu reiten. Sowohl auf Pferden als auch auf Kühen.

§ Im US-Bundesstaat Kalifornien ist es gesetzlich verboten, eine Schnecke, ein Faultier oder einen Elefanten als Haustier zu halten.
Elefanten kann ich verstehen, der ist einfach für die meisten Wohnungen etwas zu groß. Aber warum kein Faultier und/oder Schnecken? Die sind doch eigentlich beide recht leise und pflegeleicht, oder?

§ Ein Gesetz aus Cuyahoga Falls (US-Bundesstaat Ohio) verbietet es allen Tieren, innerhalb der Stadtgrenzen dem Ruf der Natur zu folgen und ihre Notdurft zu verrichten.
Dieses ja eigentlich nicht soooo sinnlose Gesetz wurde im Jahr 2002 aufgehoben.

§ Jemand, der einen Vogel oder einen Hasen färbt, lackiert oder das Aussehen des Vogels oder Hasen in anderer Weise verändert, begeht im US-Bundesstaat Indiana eine Straftat.

§ In Barber (North Carolina) dürfen Katzen nicht mit Hunden kämpfen.

§ Das Gesetz von Kansas enthält einen Paragraphen, der die Jagd auf Enten mit Hilfe von Maultieren verbietet.

§ Jeder Autofahrer, der Nachts in Pennsylvania unterwegs ist, muß nach jeder gefahrenen Meile anhalten, ein Leuchtgeschoss in die Luft abfeuern und dann zehn Minuten warten, bis sich alle Lebewesen von der Straße entfernt haben.

§ Das russische Parlament verabschiedete im Jahr 2000 ein Gesetz, welches Haustierbesitzern verbietet, ihre Lieblinge zu essen.

§ In Manville (New Jersey) ist es verboten, Tiere in den öffentlichen Parks mit Zigaretten zu füttern.

§ Tiere dürfen sich in Kalifornien nur paaren, wenn sie mehr als 1.500 Fuß von der nächsten Kneipe, Schule oder Kirche entfernt sind.

§ Es ist illegal, in Zion, Illinois einem Hund, einer Katze oder irgendeinem anderen Haustier eine entzündete Zigarre anzubieten.

§ Im kalifornischen San José ist es ungesetzlich, mehr als zwei Hunde oder Katzen zu besitzen.

§ Die Stadt Clawson in Michigan hat ein Gesetz, das es Farmern erlaubt, mit Kühen, Pferden, Hühner, Ziegen oder Schweinen Geschlechtsverkehr zu haben.
Uuuppssss, und das im prüden Amerika?

§ Und auch in West Virginia gibt es ein Gesetz, das Männern den Sex mit Tieren

erlaubt. Allerdings nur mit Tieren, die nicht mehr als vier Pfund wiegen.
Immer auf die wehrlosen Kleintiere...

Vögel

§ In Utah haben Vögel auf allen Straßen Vorfahrt *(oder besser Vorflug?)*.

§ Brieftauben dürfen in New Jersey während ihrer Tätigkeit weder behindert noch aufgehalten werden.

Wale

§ Im US-Bundesstaat Oklahoma, dessen Grenzen mit keinem einzigen Meter an ein Meer stößt, ist die Jagd auf Wale im ganzen Staat verboten.
Mit der Einhaltung dieses Gesetzes wird die dortige Polizei wohl kaum Probleme haben.

§ Im Gegensatz dazu ist es in Tennessee und in Kalifornien illegal, aus einem fahrenden Auto heraus Wild zu jagen. Allerdings mit einer Ausnahme: Auf Wale darf man schießen!

§ Und in Ohio ist das Angeln von Walen am Sonntag verboten.
Wo gibt es denn auch soooo große Angelruten???

www.ingramcontent.com/pod-product-compliance
Lightning Source LLC
Chambersburg PA
CBHW050030230526
45470CB00003B/1210